中华人民共和国能源行业标准

水电工程固定卷扬式启闭机
通 用 技 术 条 件

General technology for fixed winch hoist in hydropower projects

NB / T 35036 — 2014

代替 SD 315 — 1989

主编部门：水电水利规划设计总院
批准部门：国 家 能 源 局
施行日期：2014 年 11 月 1 日

中国电力出版社

2014 北 京

中华人民共和国能源行业标准

水电工程固定卷扬式启闭机
通用技术条件

General technology for fixed winch hoist in
hydropower projects

NB / T 35036 — 2014

代替 SD 315 — 1989

*

中国电力出版社出版、发行
（北京市东城区北京站西街 19 号　100005　http://www.cepp.sgcc.com.cn）
北京九天众诚印刷有限公司印刷

*

2015 年 3 月第一版　2015 年 3 月北京第一次印刷
850 毫米×1168 毫米　32 开本　1 印张　18 千字
印数 0001—3000 册

*

统一书号 155123・2238　定价 **9.00** 元

国家能源局

公　　告

2014年　第4号

按照《国家能源局关于印发〈能源领域行业标准化管理办法（试行）〉及实施细则的通知》（国能局科技〔2009〕52 号）的规定，经审查，国家能源局批准《核电厂核岛机械设备材料理化检验方法》等164项行业标准（见附件），其中能源标准（NB）158项和电力标准（DL）6项。现予以发布。

附件：行业标准目录

国家能源局

2014年6月29日

附件：

行业标准目录

序号	标准编号	标准名称	代替标准	采标号	批准日期	实施日期
…						
114	NB/T 35036—2014	水电工程固定卷扬式启闭机通用技术条件	SD 315—1989		2014-06-29	2014-11-01
…						

前　　言

根据《国家发改委办公厅关于印发2005年行业标准项目计划的通知》（发改办〔2005〕739号）的要求，标准编制组经广泛调查研究，认真总结实践经验，参考国内相关标准，并在广泛征求意见的基础上，编制本标准。

本标准的主要技术内容是：水电工程固定卷扬式启闭机的通用技术要求，试验和验收，标志、包装、运输与存放。

本标准修订的主要内容是：

——对主要金属结构件材料的选用进行了修改。

——删除对CL、CLZ型联轴器的制造要求。

——简化对制动器的制造要求。

——简化对减速器及开式齿轮的制造要求。

——删除对弹簧式负荷控制器的制造要求。

——删除对离心式调速器的制造要求。

——简化对轴承的要求。

本标准由国家能源局负责管理，由水电水利规划设计总院提出并负责日常管理，由能源行业水电金属结构及启闭机标准化技术委员会负责具体技术内容的解释。执行过程中如有意见或建议，请寄送水电水利规划设计总院（地址：北京市西城区六铺炕北小街2号，邮编：100120）。

本标准主要起草单位：中国水电建设集团夹江水工机械有限公司

本标准参加起草单位：中国电建集团中南勘测设计研究院有限公司

本标准主要起草人员：李启江　虞喜泉　姚刚　陈辉春　吴思够　刘建川　蒋从军

本标准主要审查人员：龚建新　李红春　李仕胜　阮全荣　林朝晖　欧阳晶　胡葆文　方寒梅　袁长生　张为明　赵勇平　陈霞　范国芳　魏运明　贾刚　罗文强　吴全本　吴小宁

目　　次

Contents

1 总　　则

1.0.1 为规范水电工程固定卷扬式启闭机制造、安装和试验等技术要求，编制本标准。

1.0.2 本标准适用于水电工程平面闸门、弧形闸门以及其他类型闸门的固定卷扬式启闭机。

1.0.3 本标准规定了水电工程固定卷扬式启闭机的技术要求、试验方法和验收规则，以及标志、包装、运输和存放要求。

1.0.4 水电工程固定卷扬式启闭机的制造、安装和试验，除应符合本标准外，尚应符合国家现行有关标准的规定。

2 术　　语

2.0.1 固定卷扬式启闭机 fixed winch hoist

固定安装于闸门孔口上方，借助于钢丝绳从卷筒传递牵引力，吊挂闸门进行升降循环作业的机械。

2.0.2 空运转试验 idling test

启闭机出厂前，在未安装钢丝绳和吊具的组装状态下所进行的试验。

2.0.3 空载试验 no-load test

对启闭机吊具不施加载荷所进行的试验。

2.0.4 带载试验 load test

对启闭机吊具施加不超过静载试验载荷或动载试验载荷所进行的试验。

3 技 术 要 求

3.1 环 境 条 件

3.1.1 启闭机使用地点的海拔高度大于 1000m 时，应对电动机等设备进行校核。

3.1.2 启闭机的工作环境温度宜为 0℃～40℃，湿度低于 85%，露点大于 3℃，如使用地点的工作环境温度超出上述范围及有特殊要求时，应采取必要的措施。

3.2 主 要 材 料

3.2.1 启闭机的材料应根据结构的重要性、载荷特征、应力状态、连接方法等因素选用，并满足强度、刚度等要求。

3.2.2 主要结构件材料宜采用《碳素结构钢》GB/T 700 的 Q235B、《低合金高强度结构钢》GB/T 1591 的 Q345B，当结构需要采用强度较高的钢材时，可采用符合《低合金高强度结构钢》GB/T 1591 的 Q390、Q420 等材料。牌号的选用应符合表 3.2.2 的规定。

表 3.2.2 启闭机的主要结构件材料选用

工作环境温度	不低于 0℃	不低于-20℃	低于-20℃
钢材牌号	Q235B 或 Q345B	Q235C 或 Q345C	Q235D 或 Q345D

3.2.3 铸造卷筒的材料要求不应低于《一般工程用铸造碳钢件》GB/T 11352 中的 ZG230—450，焊接卷筒的材料要求不应低于《碳素结构钢》GB/T 700 中的 Q235B 钢。

3.2.4 铸造滑轮的材料要求不应低于《一般工程用铸造碳钢件》

GB/T 11352 中的 ZG230—450，轧制滑轮的材料要求不应低于《碳素结构钢》GB/T 700 中的 Q235B 钢。

3.2.5 铸造轴承座的材料要求不应低于 GB/T 11352 中的 ZG230—450，焊接轴承座的材料要求不应低于 GB/T 700 中的 Q235B 钢。

3.2.6 联轴器、制动轮、调速器的活动锥套材料，锻轧件不应低于 GB/T 699 中的 35 钢，铸钢件不应低于 GB/T 11352 中的 ZG310—570。

3.2.7 卷筒轴和传动轴的材料不应低于 GB/T 699 中的 45 钢，对于采用无缝钢管型式的卷筒轴和传动轴，其材料不应低于 GB/T 699 中的 20 钢。

3.2.8 开式齿轮和齿轮轴的材料，锻轧件不应低于 GB/T 699 中的 45 钢，铸钢件不应低于 GB/T 11352 中的 ZG310—570。

3.3 结构件的制造

3.3.1 轴承座、电动机座、减速器座、制动器座等部件的垫板宜在焊后进行整体加工，加工后的平面度不大于 0.5mm，各加工面之间相对高度值的误差不大于 1mm。

3.3.2 焊缝按其重要性分为三类：滑轮支座梁、卷筒支座梁的腹板和翼板的对接焊缝为一类焊缝；支座梁的腹板和翼板的对接焊缝、组合焊缝或角焊缝为二类焊缝；其他焊缝为三类焊缝。合同及（或）设计文件另有规定者，按其规定。焊缝的无损检测，用射线探伤时，不应低于《钢熔化焊对接接头射线照相》GB/T 3323 的质量等级Ⅱ；用超声波探伤时，按《焊缝无损检测　超声检测技术、检测等级和评定》GB/T 11345 的标准评定，检验等级可选 B 级，质量不应低于 2 级。

3.3.3 主要构件的腹板和翼板的焊后允许偏差应符合表 3.3.3 的规定。

表 3.3.3 主要构件的腹板和翼板的焊后允许偏差

序号	项目	简　图	允许偏差值（mm）
1	焊接构件翼板的水平倾斜度 （1）箱形梁 （2）工字梁	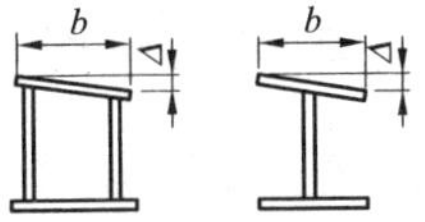	（1）Δ≤b/200，且不大于 2.0 （2）Δ≤b/150，且不大于 2.0 （此值在长筋处测量）
2	箱形梁（或工字梁）翼板的平面度		Δ≤a/150，且不大于 2.0
3	箱形梁（或工字梁）腹板的垂直度	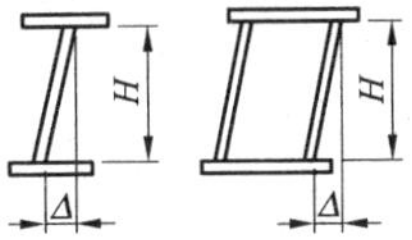	Δ≤H/500，且不大于 2.0 （此值在筋板或节点处测量）
4	箱形梁（工字梁）翼板相对于梁中心线的对称度	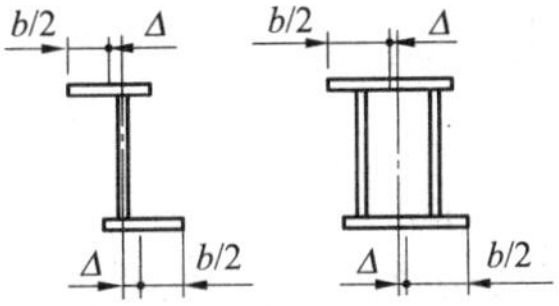	Δ≤2.0
5	箱形梁（工字梁）腹板的局部平面度	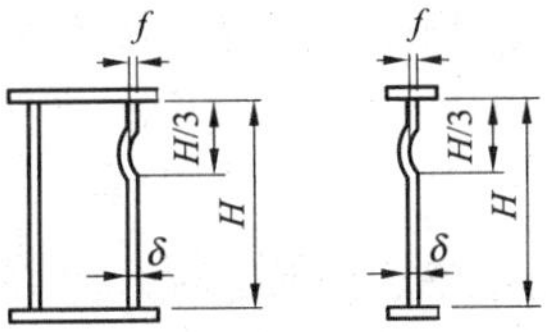	用 1m 平尺检查： （1）在受压区 H/3 的区域内，f≤0.7δ，且在相邻筋板间凹凸不超过一处； （2）其余区域内 f≤2.0

3.4 钢　丝　绳

3.4.1 应选用符合《重要用途钢丝绳》GB/T 8918 规定的钢丝绳。

3.4.2 对于水下或经常出入水中工作的钢丝绳，应选用镀锌钢丝绳或不锈钢钢丝绳。

3.4.3 双吊点及多层缠绕的启闭机选用的钢丝绳应进行预拉。

3.4.4 钢丝绳不允许接长使用。

3.4.5 钢丝绳端部固定连接的安全要求应符合《起重机械安全规程 第1部分 总则》GB 6067.1 的规定。

3.5 卷 筒

3.5.1 焊接卷筒应进行消除应力处理，铸钢卷筒应进行退火处理。

3.5.2 卷筒加工后各处壁厚不得小于名义壁厚；绳槽底径公差不应大于《产品几何技术规范（GPS）极限与配合 公差带和配合的选择》GB/T 1801 中的 *h*10，双吊点启闭机卷筒绳槽底径公差不应大于 *h*9，绳槽底径圆柱度不大于直径公差的一半。绳槽表面粗糙度 *Ra* 值不大于 12.5μm。绳槽加工后用样板检查，样板和绳槽的间隙不大于 0.5mm。

3.5.3 钢丝绳压板用的螺孔应光整，螺纹不应有破碎、断裂等缺欠。卷筒上固定钢丝绳的绳槽，其过渡部分的顶峰应铲平磨光。

3.5.4 卷筒筒体的对接焊缝和筒体与腹板的连接焊缝间距不应小于 400mm。

3.5.5 铸造卷筒加工后的缺欠处理应符合下列规定：

1 加工面上的局部砂眼、气孔等缺欠，当直径不大于 8mm、深度不超过该处名义壁厚的 20%（但绝对值不大于 4mm）、在每 100mm 长度内不多于 1 处、在卷筒全部加工面上的总数不多于 5 处时，可不做处理。

2 缺欠范围符合表 3.5.5 规定时，允许焊补，但同一断面上和长度 100mm 的范围内不得多于 2 处，焊补后可不作热处理，但需磨光。

表 3.5.5 卷筒缺欠允许焊补的范围

材料	卷筒直径（mm）	单个缺欠面积（mm^2）	缺欠深度	数量
铸钢	≤700	≤200	≤25%壁厚	≤5
	＞700	≤250	≤25%壁厚	≤5

3.5.6 铸造卷筒的缺欠不符合第 3.5.5 条规定，或有裂纹时，不允许焊补，应报废。

3.6 滑 轮

3.6.1 滑轮的槽形应符合图样，用样板检查时，其间隙应不大于 0.5mm。

3.6.2 铸造滑轮绳槽的径向圆跳动公差不应大于《形状和位置公差 未注公差值》GB/T 1184 中的 11 级，沿绳槽的端面全跳动公差不大于 10 级。

3.6.3 铸造滑轮绳槽两侧的壁厚不得小于名义尺寸，壁厚误差允许值为：

1 外径不大于 700mm 时，不大于 3mm。

2 外径大于 700mm 时，不大于 4mm。

3.6.4 铸造滑轮加工后的缺欠处理应符合下列规定：

1 轴孔内不允许焊补。

2 轴孔内允许有不超过总面积 10%的轻度缩松的单个缺欠，当面积不超过 25mm、深度不超过 4mm、孔径不大于 150mm 时，缺欠数量不超过 2 个，孔径大于 150mm 时，缺欠数量不超过 3 个，且任何相邻两缺欠的间距不小于 50mm，可作为合格，但此时应将缺欠边缘磨钝。

3 绳槽面上或端面上的单个缺欠面积在清除到露出良好金属后不大于 200mm^2。深度不超过该处名义壁厚的 20%，同一个加工面上不多于 2 处，焊补后不需进行热处理，但需磨光。

4 若缺欠不符合本条的 1、2、3 款规定时，应报废。

3.6.5 绳槽表面的粗糙度 Ra 值不大于 6.3μm。

3.6.6 滑轮上有裂纹时，不允许焊补，应报废。

3.6.7 装配好的滑轮应能用手灵活转动，侧向摆动不大于滑轮直径的 1/1000。

3.7 联 轴 器

3.7.1 联轴器加工后的缺欠处理应符合下列规定：

1 齿轮联轴器的齿面及齿沟不允许焊补。

2 当一个齿的加工面上的缺欠为局部砂眼、气孔，其缺欠数目不多于1个，其长、宽、深方向都不超过模数的20%，绝对值不大于2mm或径向细长缺欠的宽不大于1mm，长度不大于0.8模数的20%，且距离齿的端面不超过齿宽的10%，在一个联轴器上有这种缺欠的齿数不超过3个时，可作为合格，但应将缺欠边缘磨钝。

3 轴孔内不允许焊补。

4 当轴孔内单个缺欠面积不超过25mm²，深度不超过该处名义壁厚的20%，且孔径不大于150mm时，缺欠数量不超过2个；孔径大于150mm时，缺欠数量不超过3个；任何相邻两缺欠的间距不小于50mm时，可作为合格，但应将缺欠的边缘磨钝。

5 其他部位的缺欠在清除到露出良好的金属后，单个面积不大于200mm²，深度不超过该处名义壁厚的20%，且同一加工面上不多于2个时，允许焊补。

6 若联轴器的缺欠不符合本条2、4、5款的规定或出现裂纹时，应报废。

3.7.2 铸钢件加工前应进行退火处理。

3.7.3 弹性联轴器的组装应符合《梅花形弹性联轴器》GB/T 5272或《弹性套柱销联轴器》GB/T 4323的规定，齿轮联轴器的组装应符合《GⅡCL型鼓形齿式联轴器》GB/T 26103.1的规定。

3.8 制动轮、制动盘与制动器

3.8.1 制动轮与制动盘工作表面的粗糙度 Ra 应不大于1.6μm。

3.8.2 制动轮与工作制动器用制动盘制动面的热处理硬度不低于HRC35—45，淬火深度不少于2mm。

3.8.3 制动轮外圆与轴孔的同轴度不大于《形状和位置公差　未注公差值》GB/T 1184 中 8 级，制动盘端面对轴孔的垂直度不大于《形状和位置公差　未注公差值》GB/T 1184 中 8 级。

3.8.4 制动轮及制动盘加工后的缺欠处理应符合下列规定：

1 制动面上不允许有砂眼、气孔等缺欠，也不允许焊补。

2 轴孔内不允许焊补。

3 当轴孔内的缺欠单个面积不超过 25mm^2，深度不超过 4mm，数量不超过 2 处，间距大于 50mm 时，可认为合格，但应将缺欠边缘磨钝。

4 其他部位的缺欠在清除到露出良好金属后，单个面积不超过 200mm^2，深度不超过该处名义壁厚的 20%，整个加工面上（除去制动面和轴孔外）总数量不多于 3 个时，允许焊补，焊补后可不进行热处理，但需磨光。

5 若缺欠不符合本条的 3、4 款规定或出现裂纹时，应报废。

3.8.5 安装好的制动轮的径向跳动和端面跳动分别不低于《形状和位置公差　未注公差值》GB/T 1184 中的 9 级和 10 级，制动盘的端面跳动不大于 10 级。

3.8.6 制动器宜采用电力液压鼓式制动器或电力液压盘式制动器，并分别符合 JB/T 6406、JB/T 7020 的要求。

3.8.7 安装制动器时，制动轮中心线对制动闸瓦中心线的偏差应符合下列要求：

1 当制动轮直径不大于 200mm 时，不大于 2mm。

2 当制动轮直径大于 200mm 时，不大于 3mm。

3 制动闸瓦与制动轮（制动盘）的实际接触面积不得小于总面积的 75%。

4 制动轮（制动盘）直径不大于ϕ315mm 时，制动闸瓦与制动轮（制动盘）之间的间隙为 0.7mm；制动轮（制动盘）直径不小于ϕ400mm 时，制动闸瓦与制动轮（或制动盘）之间的间隙为 0.8mm。

3.9 减速器与开式齿轮

3.9.1 减速器宜选用中硬或硬齿面减速器。

3.9.2 开式齿轮的精度不应低于《圆柱齿轮 精度制 第 1 部分：轮齿同侧齿面偏差的定义和允许值》GB/T 10095.1 中的 9-8-8 级，表面粗糙度 *Ra* 值不大于 6.3μm。

3.9.3 开式齿轮加工后的缺欠处理应符合下列规定：

1 齿面及齿沟不允许焊补。

2 当一个齿的加工面上缺欠数目不多于 1 个，深度不超过模数的 20%，绝对值不大于 2mm，径向细长缺欠不大于 1mm，长度不大于 0.8 模数，绝对值不大于 5mm，且距离齿轮的端面不超过宽的 10%，在一个齿轮上有这种缺欠的齿数不超过 3 个时，可作为合格，但应将缺欠的边缘磨钝。

3 轴孔内不允许焊补，但允许缺欠不超过总面积 10%的轻度的缩松及单个缺欠不超过表 3.9.3-1 的数值，缺欠边缘应磨钝。

表 3.9.3-1 开式齿轮加工后轴孔内的缺欠处理

齿轮直径（mm）	缺欠面积（mm^2）	缺欠深度	相邻间距（mm）	处数
≤500	≤25	≤20%壁厚	＞50	≤3
＞500	≤50	≤20%壁厚	＞60	≤3

4 端面处缺欠（不包括齿形端面）允许焊补的范围按表 3.9.3-2 执行。

表 3.9.3-2 开式齿轮加工后端面处的缺欠处理

齿轮直径（mm）	缺欠面积（mm^2）	缺欠深度	处数
≤500	≤2	≤15%壁厚	≤3
＞500	≤3	≤15%壁厚	≤3

5 若开式齿轮加工后的缺欠不符合本条2、3、4款的规定或出现裂纹时，应报废。

3.9.4 开式齿轮齿面热处理硬度，小齿轮应不低于HB240，大齿轮应不低于HB190，两者硬度差不小于HB30。

3.10 高度指示器

3.10.1 高度指示器的检测精度不低于2mm，并显示到毫米级。

3.10.2 高度指示器应具有可调节预定位置、极限位置、自动切断主回路及报警功能。

3.10.3 高度检测编码器应选用绝对型编码器，并具有防潮、抗干扰性能。

3.11 荷载控制器

3.11.1 荷载控制器的系统精度不低于 2%，传感器精度不低于0.5%。

3.11.2 当负荷达到110%额定启闭力时，荷载控制器应自动切断主回路和报警。

3.11.3 接收仪表的刻度或数码显示应与起闭力相符。

3.11.4 当监视两个以上吊点时，仪表应能分别显示各吊点启闭力。

3.11.5 传感器及其线路应具有防潮、抗干扰性能。

3.12 轴承

3.12.1 轴承在装配前应清理干净。

3.12.2 轴及轴承的配合面，应先涂一层润滑脂再进行装配。

3.12.3 轴承应紧贴在轴肩或隔套上。

3.12.4 在滑动轴承摩擦表面上，不应有碰伤、气孔，砂眼、裂缝及其他缺欠。

3.12.5 滑动油沟和油孔表面应光滑。

3.12.6 装配好的轴承应转动灵活。

3.13 启闭机的组装、安装

3.13.1 厂内组装

1 所有零部件应经检验合格，外购件、外协件应有合格证明文件。

2 应对启闭机的机架、电动机、减速器、制动器、开式齿轮副和卷筒装置等传动系统及电气控制系统进行厂内组装，并作空运转试验。

3.13.2 现场安装

1 产品到达现场后应经开箱检查、验收后，方可进行安装。

2 减速器加油前，应进行清洗检查，减速器内润滑油的油位应与油标尺的刻度相符，其油封和结合面处不得漏油。

3 制动器摩擦面不应有油污，其接触面应均匀。

4 钢丝绳表面应涂防锈油脂，不应有腐蚀、硬弯、扭结和被压或被砸成扁平状等缺欠，其型号、长度均应符合图纸规定，并应具有出厂合格证。

5 钢丝绳应有顺序地逐层缠绕在卷筒上，不得挤叠或乱槽。双吊点启闭机的钢丝绳在卷筒上的起绳点应对称、一致。

6 减速器、开式齿轮、轴承、制动器应选用适合工地气候条件的润滑油（脂）。

7 在高强螺栓连接范围内，构件接触面的处理方法应符合设计要求，在表面除锈后，应涂刷无机富锌漆，其接触面的摩擦系数应达到规定值。

3.14 电 气 设 备

3.14.1 电气控制设备应符合《起重机电控设备》JB/T 4315 的规定。

3.14.2 电动机宜采用 YZ 或 YZR 系列冶金及起重用三相异步电动机，也可采用符合起重机要求的其他类型电动机。

3.14.3 选用的电气设备应具有防潮能力，在湿热地区应选用湿热型电气设备。

3.14.4 全部电气设备的外壳或支架应可靠地接地。

3.15 防　　腐

3.15.1 涂装前应进行预处理，主要构件的除锈等级应达到《涂覆涂料前钢材表面处理　表面清洁度的目视评定　第 1 部分：未涂覆过的钢材表面和全面清除原有涂层后的钢材表面的锈蚀等级和处理等级》GB/T 8923.1 中的 Sa2 1/2 级，其他部位应达到 St 3 级。

3.15.2 涂装颜色应符合《漆膜颜色标准》GB/T 3181 的规定。

3.15.3 应根据油漆类型选用合适的配套方案，涂装后的漆膜总厚度不应小于 200μm。

3.15.4 漆膜附着力不应低于《色漆和清漆漆膜的划格试验》GB/T 9286 中的 2 级质量要求。

3.15.5 涂装后，面漆应均匀、细致、光亮、完整、色泽一致，不得有粗糙不平、漏漆、错漆、皱纹、针孔及严重流挂等缺陷。

3.15.6 出厂前，应做好所有外露加工面的涂油防锈措施。

4 试验和验收

4.1 试 验

4.1.1 出厂试验

启闭机在厂内组装，检查并调整制动器、减速器、齿轮装置、卷筒装置等所有机械部件应符合组装要求，启动电动机空载运转至少10min，各部件应运行平稳，无卡滞现象和异常声音。

4.1.2 工地试验

1 电气设备的试验要求。接电试验前应认真检查全部接线并符合图样规定，整个线路的绝缘电阻必须大于0.5MΩ才可开始接电试验。试验中各电动机和电气元件温升不能超过各自的允许值。试验应采用该机自身的电气设备，试验中若有触头等元件严重烧灼者应予更换。

2 空载试验。启闭机空载试验上、下全行程共往返三次，检查并调整下列电气和机械部分：

1） 电动机运行应平稳，三相电流不平衡度不超过±10%，并测出电流值。

2） 电气设备应无异常发热现象。

3） 检查和调试限位开关（包括充水平压开度节点），使其动作准确可靠。

4） 高度指示器和荷载控制器能准确反映行程和荷载，到达上、下极限位置，主令开关能发出信号并自动切断电源，使启闭机停止运转。

5） 所有机械部件运转时，应无冲击声和其他声音，钢丝绳不得与其他部件相摩擦。

6） 制动闸瓦松闸时应全部打开，间隙应符合要求，并测出电流值。

7） 对快速闸门启闭机，利用直流松闸时，应分别检查和记录松闸直流电流值和松闸持续 2min 时电磁线圈的温度。

3 带载试验。启闭机的带载试验，宜在设计工况下进行。先将闸门在门槽内无水或静水中全行程上、下升降两次；对于动水启闭的工作闸门或动水闭、静水启的事故闸门，还应在设计水头动水工况下升降两次。对于快速闸门，应在设计水头动水工况、机组导叶开度 100%甩负荷工况下，进行全行程的快速关闭试验。

带载试运转时应检查下列电气和机械部分：

1） 电动机运行应平稳，三相电流不平衡度不超过±10%，并测出电流值。

2） 电气设备应无异常发热现象。

3） 所有保护装置和信号应准确可靠。

4） 所有机械部件在运转中不应有冲击声，开式齿轮啮合工况应符合要求。

5） 制动器应无打滑、无焦味和冒烟现象。

6） 高度指示器与荷载控制器读数能准确反映闸门在不同开度下的启闭力值，误差不超过±2%。

7） 对于快速闸门启闭机，快速闭门时间不得超过设计允许值。闸门接近底槛时，关闭速度不宜超过 5m/min；电动机最大转速一般不得超过额定转速的两倍。

4 在上述试验结束后，机构各部分不得有破裂、永久变形、连接松动或损坏，电气部分应无异常发热现象等影响性能和安全质量的问题。

5 启闭机在无其他噪声干扰的情况下，在距离启闭机周边 1m 处测量其噪声不得大于 90dB（A）。

4.2 验　　收

4.2.1 每台启闭机都应进行出厂验收，出厂时应附有产品合格证。

4.2.2 启闭机出厂时应有装箱单、产品合格证、使用维护说明书、总图等文件。

5 标志、包装、运输与存放

5.1 标　　志

5.1.1 在启闭机明显处应设置标牌，标牌内容包括：

1 启闭机型号及名称。

2 启闭机主要技术参数。

3 出厂编号。

4 制造日期和制造厂名称。

5.2 包　　装

5.2.1 固定在启闭机机架上的零部件和尺寸超限的分块，一般裸装出厂。裸露运输时应采取安全防护措施和防潮措施。

5.2.2 精密零件、电气柜及仪表等的箱装，应符合《机电产品包装通用技术条件》GB/T 13384 的规定。

5.3 运　　输

启闭机裸装或箱装运输时，应安放牢固以防止变形，并符合陆运、海运及空运的有关规定。

5.4 存　　放

启闭机不宜露天裸放，需裸放时应有防雨、防锈、防风沙、防变形等措施。

本标准用词说明

1 为便于在执行本标准条文时区别对待，对要求严格程度不同的用词说明如下：

1） 表示很严格，非这样做不可的：
正面词采用“必须”，反面词采用“严禁”；

2） 表示严格，在正常情况下均应这样做的：
正面词采用“应”，反面词采用“不应”或“不得”；

3） 表示允许稍有选择，在条件许可时首先应这样做的：
正面词采用“宜”，反面词采用“不宜”；

4） 表示有选择，在一定条件可以这样做的，采用“可”。

2 条文中指明应按其他有关标准执行的写法为：“应符合……的规定”或“应按……执行”。

引 用 标 准 名 录

《优质碳素结构钢》GB/T 699

《碳素结构钢》GB/T 700

《形状和位置公差　未注公差值》GB/T 1184

《低合金高强度结构钢》GB/T 1591

《产品几何技术规范（GPS）极限与配合　公差带和配合的选择》GB/T 1801

《漆膜颜色标准》GB/T 3181

《钢熔化焊对接接头射线照相》GB/T 3323

《弹性套柱销联轴器》GB/T 4323

《梅花形弹性联轴器》GB/T 5272

《起重机械安全规程　第 1 部分　总则》GB 6067.1

《重要用途钢丝绳》GB/T 8918

《涂覆涂料前钢材表面处理　表面清洁度的目视评定　第 1 部分：未涂覆过的钢材表面和全面清除原有涂层后的钢材表面的锈蚀等级和处理等级》GB/T 8923.1

《色漆和清漆漆膜的划格试验》GB/T 9286

《圆柱齿轮　精度制　第 1 部分：轮齿同侧齿面偏差的定义和允许值》GB/T 10095.1

《焊缝无损检测　超声检测　技术、检测等级和评定》GB/T 11345

《一般工程用铸造碳钢件》GB/T 11352

《机电产品包装通用技术条件》GB/T 13384

《GⅡCL 型鼓形齿式联轴器》GB/T 26103.1

《水利水电工程启闭机制造、安装及验收规范》DL/T 5019

《起重机电控设备》JB/T 4315
《电力液压鼓式制动器》JB/T 6406
《电力液压盘式制动器》JB/T 7020